Vorwort

Am 1. August 2015 trat die Verordnung vom 25. Juni 2015 über die Berufsausbildung im staatlich anerkannten Ausbildungsberuf Textil- und Modenäher/Textil- und Modenäherin in Kraft.

Bis spätestens 30. September 2020 ist eine Evaluierung dieser Verordnung geplant. Eine wissenschaftliche Untersuchung soll die Akzeptanz des zweijährigen Berufs bei Jugendlichen und Betrieben ermitteln und insbesondere den Verbleib der Absolventinnen und Absolventen analysieren. Mit Ablauf des 31. Juli 2021 tritt diese Verordnung außer Kraft.

Der Ausbildungsberuf Textil- und Modenäher/Textil- und Modenäherin wird nach § 4 Absatz 1 des Berufsbildungsgesetzes staatlich anerkannt.

Die Ausbildungsdauer beträgt zwei Jahre.

Die PAL erstellt in Zusammenarbeit mit dem zuständigen, paritätisch besetzten Fachausschuss die Zwischenprüfung.

Der schriftliche und der praktische Teil der Zwischenprüfung werden in diesem Heft gemeinsam als Musterprüfung mit allen erforderlichen Angaben zur Durchführung vorgestellt. Die Musterprüfung soll zur Orientierung der Ausbilder, der Prüfungsausschüsse und nicht zuletzt der Auszubildenden dienen.

Die PAL bietet für die Zwischenprüfung ab Herbst 2016 Unterlagen an. Eine „Information für die Praxis“ wurde im August 2015 veröffentlicht.

Abschließend möchten wir den Firmen und Schulen danken, die uns u. a. durch die Freistellung der Fachausschuss-Mitglieder in unserer Arbeit wesentlich unterstützen. Ebenso sei den Personen gedankt, welche durch ihre Hilfe die Umsetzung des vorliegenden „Leitfadens für die Zwischenprüfung inklusive Musterprüfung“ realisiert haben.

Haben Sie Anregungen oder Kritik?

Dann wenden Sie sich bitte an:

PAL – Prüfungsaufgaben- und
Lehrmittelentwicklungsstelle
Industrie- und Handelskammer
Region Stuttgart
Jägerstraße 30, 70174 Stuttgart
Postfach 10 24 44, 70020 Stuttgart
Telefon 0711 2005-0
Telefax 0711 2005-1830
www.ihk-pal.de
pal@stuttgart.ihk.de

Inhaltsverzeichnis

Zwischenprüfung
Prüfungsbereich Zuschneiden und Nähen

1 Allgemein

1.1 Vorgaben aus der Verordnung

Gemäß der Verordnung vom 25. Juni 2015 über die Berufsausbildung im staatlich anerkannten Ausbildungsberuf Textil- und Modenäher/Textil- und Modenäherin ist zur Ermittlung des Wissensstands zum Anfang des zweiten Ausbildungsjahrs eine Zwischenprüfung durchzuführen.

Die Zwischenprüfung findet im Prüfungsbereich Zuschneiden und Nähen statt.

Die Zwischenprüfung erstreckt sich auf die in der Verordnung aufgeführten Fertigkeiten, Kenntnisse und Fähigkeiten sowie auf den im Berufsschulunterricht entsprechend dem Rahmenlehrplan zu vermittelnden Lehrstoff, soweit er für die Berufsausbildung wesentlich ist.

Für den **Prüfungsbereich Zuschneiden und Nähen** bestehen folgende Vorgaben:

- Auftragsunterlagen prüfen, technische Unterlagen anwenden
- Skizzen erstellen und anwenden
- Werk- und Hilfsstoffe unter Berücksichtigung von Eigenschaften und Verwendungszweck auswählen und einsetzen
- Zubehör auswählen und einarbeiten
- Werkzeuge, Geräte, Maschinen und Anlagen auswählen und einsetzen
- Teile zuschneiden, kontrollieren und kennzeichnen
- Werk- und Hilfsstoffe zwischenbügeln und fixieren
- Nähte anfertigen, Teile zusammennähen
- Zwischenkontrollen durchführen
- Maßnahmen zur Arbeitsorganisation, zur Sicherheit und zum Gesundheitsschutz bei der Arbeit, zum Umweltschutz, zur Kundenorientierung, zur Wirtschaftlichkeit und zur Qualitätssicherung berücksichtigen

Der Prüfling soll ein Prüfungsstück anfertigen und darauf bezogene Aufgaben schriftlich bearbeiten.
Die Prüfungszeit beträgt insgesamt 6 Stunden, dabei entfallen auf die schriftlich zu bearbeitenden Aufgaben 60 Minuten.

1.2 Erläuterungen zu den schriftlichen Aufgaben

Der Prüfling hat in einer Vorgabezeit von 60 min schriftliche Aufgaben zu bearbeiten.

Der zuständige PAL-Fachausschuss hat folgende Struktur der schriftlichen Zwischenprüfung beschlossen:

- ein Projekt mit fünf ungebundenen Aufgaben, die sich auf das zu fertigende Prüfungsstück beziehen.
  Die schriftlichen Aufgaben sind vor der Durchführung der praktischen Aufgaben zu bearbeiten.

1.3 Erläuterungen zu den praktischen Aufgaben

Der Prüfling hat in einer Vorgabezeit von 5 Stunden ein Prüfungsstück zu fertigen.
Der Prüfungserstellungsausschuss hat für den Prüfungsbereich Zuschneiden und Nähen zwei Aufgaben definiert:

Aufgabe 1 – „Zuschnitt“ inklusive Zwischenkontrolle des Zuschnitts Richtzeit 45 min

Aufgabe 2 – „Nähen“ Richtzeit 4 h 15 min

Eine Aufsichtsperson, die kein Mitglied des Prüfungsausschusses sein muss, kontrolliert während der Prüfungszeit, ob der Prüfling selbstständig arbeitet und keine unzulässigen Hilfsmittel verwendet.

Vorbereitung

Der Prüfling soll nach den Vorgaben aus den Bereitstellungsunterlagen für den Ausbildungsbetrieb die Schnittschablonen für die Aufgabe 1 sowie die vorgefertigten Schnittteile (betriebsüblich zugeschnitten, versäubert und fixiert) für die Aufgabe 2 zur Prüfung mitbringen.

Durchführung und Kontrolle

Die Aufgabe soll mit betriebsüblichen Werkzeugen und Arbeitsmitteln durchgeführt werden.

Aufgabe 1 – „Zuschnitt“ inklusive Zwischenkontrolle des Zuschnitts

Das Prüfungsstück besteht aus einem Zuschnitt von drei bis vier Teilen aus der Nähaufgabe (z. B. einer aufgesetzten Tasche, einer Patte, einem Revers usw.).

Der Prüfling soll die vorgegebenen Schnittteile mithilfe der Schnittschablonen, nach Materialbereitstellungsliste, selbstständig zuschneiden. Dabei soll er Zwischenkontrollen durchführen. Mithilfe des vorgegebenen Prüfprotokolls soll er die Qualität der Zuschnittarbeit überprüfen, bewerten und dokumentieren.
Die vom Prüfling zugeschnittenen Teile sollen nicht für die Aufgabe 2 verwendet werden.

Aufgabe 2 – „Nähen“

Ein textiler Artikel wie eine Tasche, eine Schürze, ein Mäppchen o. Ä. soll mithilfe des vorgegebenen Arbeitsplans aus den zur Prüfung mitgebrachten – zugeschnittenen und eingerichteten – Teilen gefertigt werden.

Nur einer der vorgegebenen Nähautomaten:

- Riegelmaschine
  oder
- Knopflochmaschine
  oder
- Knopfannähmaschine

soll eingesetzt werden. Der Prüfungsbetrieb wählt aus.

Alle Betriebsmittel, außer der Doppelsteppstichmaschine, sind vom Prüfungsbetrieb zu rüsten.

1.4 Ergebnisfeststellung

Die Ergebnisse der Einzelaufgaben:

schriftliche Aufgaben, Zuschnitt, Zwischenkontrolle des Prüflings und Nähen sind in die Felder 1–3, 4–6, 7–9 sowie 10–12 des Bewertungsbogens zu übertragen.

Für die Auswertung der Prüfungsaufgaben und die Bewertung der Prüfungsleistungen gilt der Bewertungsbogen, in dem die Bewertungskriterien für jede Teilaufgabe zusammengefasst sind.

Das Ergebnis der Prüfungsleistungen wird für die schriftlichen Aufgaben sowie für das Prüfungsstück im 100-Punkte-Schlüssel angegeben und in den Bewertungsbogen übertragen.

Für die Bewertung der einzelnen Prüfungsleistungen empfiehlt der PAL-Fachausschuss die folgenden Bewertungsschlüssel:

- Objektiv bewertbar: 10 oder 0 Punkte
- Subjektiv bewertbar: 10 bis 0 Punkte (10 – 9 – 8 – 7 – 6 – 5 – 4 – 3 – 2 – 1 – 0 Punkte)

Treten bei Ergebnisberechnungen Dezimalergebnisse auf, sind diese mit zwei Nachkommastellen kaufmännisch gerundet einzutragen.

1.5 Stellungnahme des Prüfungsausschusses

Der Prüfungsausschuss hat über ein „Onlineformular" die Möglichkeit, eine Stellungnahme zur gelaufenen Prüfung abzugeben (die Zugangsdaten sind über die örtlich zuständige Industrie- und Handelskammer/Handwerkskammer erhältlich).
Die Rückmeldungen der Prüfungsausschüsse zu den schriftlichen und praktischen Aufgaben werden zentral erfasst und an die PAL gesendet. Dort werden die Hinweise gebündelt und den erstellenden Gremien zur Beratung vorgelegt. Eine Stellungnahme des Erstellerausschusses zu den einzelnen Rückmeldungen wird den Industrie- und Handelskammern/Handwerkskammern über einen „geschützten Bereich" online zur Verfügung gestellt. Diese werden an die örtlichen Prüfungsausschüsse verteilt.

Da zu dem Zeitpunkt des Eingangs der Stellungnahmen die nächsten Prüfungen bereits fertig erstellt sind, können eventuelle Änderungswünsche der örtlichen Prüfungsausschüsse frühestens ein Jahr nach der „Abgabe" der Stellungnahmen in die neu zu erstellenden Prüfungen eingehen. Eine sofortige Anpassung/Umsetzung ist aufgrund des Vorlaufs bei der Erstellung der Prüfungsaufgaben nicht möglich.

2.1 Hinweise für die Kammer/Richtlinien und Lösungsvorschläge für den Prüfungsausschuss

Industrie- und Handelskammer

Zwischenprüfung

Textil- und Modenäher/-in

Verordnung vom 25. Juni 2015

Berufs-Nr. 4486

Prüfungsbereich Zuschneiden und Nähen

Hinweise für die Kammer

Richtlinien und Lösungsvorschläge für den Prüfungsausschuss

Musterprüfung

M 4486 H1

PAL - Prüfungsaufgaben- und Lehrmittelentwicklungsstelle

IHK Region Stuttgart

Prüfungsaufgabensatz

Der Prüfungsaufgabensatz für die praktische Zwischenprüfung besteht aus folgenden Unterlagen:

1	**Allgemeine Unterlagen**	
1.1	Hinweise für die Kammer Richtlinien für den Prüfungsausschuss Lösungsvorschläge (sind im vorliegenden Heft zusammengefasst)	rot
1.2	Hinweise für den Prüfungsausschuss zum Prüfungsablauf	rot
1.3	Standardbereitstellungsliste für den Ausbildungsbetrieb und den Prüfungsbetrieb	gelb
1.4	Materialbereitstellungsliste für den Ausbildungsbetrieb	gelb
1.5	Materialbereitstellungszeichnungen: - Aufgabe 1 „Zuschnitt“ Blatt 1(3) - Aufgabe 2 „Nähen“ Blatt 2(3) und 3(3)	gelb
1.6	Stellungnahme des Prüfungsausschusses (Zugangsdaten erhalten Sie über Ihre zuständige Industrie- und Handelskammer/Handwerkskammer)	Onlineformular
2	**Prüfungsbereich Zuschneiden und Nähen**	
2.1	Schriftliche Aufgaben (1 Heft)	grün
2.2	Aufgabenbeschreibung Prüfungsstück (1 Heft)	weiß
2.3	Prüfprotokoll	weiß
2.4	Bewertungsbogen	rot

Dieser Prüfungsaufgabensatz wurde von einem überregionalen nach § 40 Abs. 2 BBiG zusammengesetzten Ausschuss beschlossen. Er wurde für die Prüfungsabwicklung und -abnahme im Rahmen der Ausbildungsprüfungen entwickelt. Weder der Prüfungsaufgabensatz noch darauf basierende Produkte sind für den freien Wirtschaftsverkehr bestimmt.

Internet: www.ihk-pal.de
M 4486 H1 -kli-rot-290216

1 Allgemein

Gemäß der Verordnung über die Berufsausbildung zum/zur Textil- und Modenäher/-in soll jeder Prüfling in der Zwischenprüfung in insgesamt **6 Stunden** ein Prüfungsstück anfertigen und darauf bezogene Fragen schriftlich beantworten.

2 Schriftliche Aufgaben **Vorgabezeit 1 h**

In den schriftlichen Aufgaben soll der Prüfling handlungsorientierte Fragen zu der praktischen Aufgabe beantworten. Die schriftlichen Aufgaben müssen vom Prüfling vor dem Anfertigen des Prüfungsstücks bearbeitet werden.

Es ist unbedingt darauf zu achten, dass die Unterlagen für das Prüfungsstück dem Prüfling erst nach der Bearbeitung der schriftlichen Aufgaben ausgehändigt werden.

3 Prüfungsstück **Vorgabezeit 5 h**

Das Prüfungsstück besteht aus folgenden Teilaufgaben:
- Aufgabe 1 „Zuschnitt“ inklusive Zwischenkontrolle des Zuschnitts — Richtzeit 45 min
- Aufgabe 2 „Nähen“ — Richtzeit 4 h 15 min

Die Reihenfolge der Teilaufgaben ist frei zu wählen.

3.1.1 Aufgabe 1 „Zuschnitt“

Bei dieser Prüfungsaufgabe sollen vorgegebene Schnittteile vom Prüfling zugeschnitten, markiert und fixiert werden. Die Zuschnitt-Aufgabe soll mit betriebsüblichen Werkzeugen und Arbeitsmitteln durchgeführt werden.

3.1.2 Zwischenkontrolle

Der Prüfling soll mithilfe eines vorgegebenen Prüfprotokolls die Qualität seiner Zuschnittarbeit überprüfen, bewerten und dokumentieren.

3.2 Aufgabe 2 „Nähen“

Der Prüfling soll ein Prüfungsstück fertigen. Die Aufgabenstellung ergibt sich aus der Aufgabenbeschreibung und einem Arbeitsplan. Schnittteile liegen fertig eingerichtet vor.

Von den angegebenen drei Automatennäharbeiten soll der Prüfling nur eine ausführen.

Der Prüfungsbetrieb gibt entsprechend den betrieblichen Gegebenheiten den einzusetzenden Kurznahtautomaten vor. Dies kann eine Riegelmaschine, eine Knopflochmaschine oder eine Knopfannähmaschine sein.

**Hinweis: Die Doppelsteppstichmaschine ist vom Prüfling vor Prüfungsbeginn zu rüsten.
Die weiteren Betriebsmittel sind vom Prüfungsbetrieb zu rüsten.**

4 Bewertung der Prüfungsaufgaben

Für die Auswertung der Prüfungsaufgaben und die Bewertung der Prüfungsleistungen gilt der Bewertungsbogen, in dem die Bewertungskriterien für jede Teilaufgabe zusammengefasst sind. Das Ergebnis der Prüfungsleistungen wird für die schriftlichen Aufgaben sowie für das Prüfungsstück im 100-Punkte-Schlüssel angegeben und in den Gesamtbewertungsbogen übertragen.

Für die Bewertung der einzelnen Prüfungsleistungen empfiehlt der PAL-Fachausschuss die folgenden Bewertungsschlüssel:

- Objektiv bewertbar: 10 oder 0 Punkte
- Subjektiv bewertbar: 10 bis 0 Punkte (10–9–8–7–6–5–4–3–2–1–0 Punkte)

Treten bei Ergebnisberechnungen Dezimalergebnisse auf, sind diese mit zwei Nachkommastellen kaufmännisch gerundet einzutragen.

Auf Basis von § 24 Musterprüfungsordnung für die Durchführung von Abschluss- und Umschulungsprüfungen des Hauptausschusses des Bundesinstituts für Berufsbildung (BiBB) vom März 2007 sind die Prüfungsleistungen wie folgt zu bewerten:

10	Eine den Anforderungen in besonderem Maße entsprechende Leistung
9	Eine den Anforderungen voll entsprechende Leistung
8 7	Eine den Anforderungen im Allgemeinen entsprechende Leistung
6 5	Eine Leistung, die zwar Mängel aufweist, aber den Anforderungen noch entspricht
4 3	Eine Leistung, die den Anforderungen nicht entspricht, jedoch erkennen lässt, dass Grundkenntnisse vorhanden sind
2 1 0	Eine Leistung, die den Anforderungen nicht entspricht und bei der selbst Grundkenntnisse fehlen **oder** keine Prüfungsleistung erbracht

Zwischenkontrolle/Selbstbewertung durch den Prüfling:

Punkte für den Grad der Übereinstimmung
Übereinstimmung ≙ 10 Punkte Keine Übereinstimmung ≙ 0 Punkte

Die Bewertung der bei der Herstellung des Prüfungsstücks erbrachten Prüfungsleistungen bedarf keiner weiteren Erläuterungen, sie ergibt sich aus dem Bewertungsbogen.

4.1 Lösungsvorschläge schriftliche Aufgaben

Die Kammer sollte die Prüflinge darauf hinweisen, dass die Prüfungsausschüsse gehalten sind, auch andere, von den Lösungsvorschlägen abweichende, jedoch fachlich ebenfalls richtige Lösungen entsprechend zu bewerten. Die Lösungsvorschläge stellen nur Hilfen zur Bewertung dar.

IHK

Zwischenprüfung – Musterprüfung

Schriftliche Aufgaben
Lösungsvorschläge

Textil- und Modenäher/-in
Verordnung vom 25. Juni 2015

1

Materialien	Zutaten	Betriebsmittel
Oberstoff	Nähfaden	Doppelsteppstichmaschine
Futter	Etikett	Überwendlichmaschine
Fixiereinlage	2 Knöpfe	Bügelplatz
		Fixierpresse
		evtl. Knopfannähmaschine/Knopflochmaschine/Riegelmaschine
		Zuschneidegeräte

2

1. Gewebe
2. Leinwandbindung
3. – Formstabil
   – Haltbar
   – Waschbar
   – Usw.
4. Tischwäsche, Schürzen, Prototypen usw.
5.

3

1. Der Prüfungsausschuss entscheidet.
2. Der Prüfungsausschuss entscheidet.

4

1.

Nähstörung	Ursache
Spannungskräuseln	Zu hohe Fadenspannung
Stiche werden ausgelassen	Falsch eingesetzte Nadel bzw. falsche Nadel bzw. Greifer verstellt
Auf der Warenunterseite bilden sich Fadenschlaufen	Falsch eingefädelter Nadelfaden bzw. Oberfadenspannung zu locker eingestellt

2. $1\,\text{cm} \triangleq 10\,\text{mm}$

$1{,}24\,\text{m} \triangleq 124\,\text{cm}$

$$\frac{10\,\text{mm}}{2\,\text{mm/Stich}} = \underline{\underline{5\,\text{Stiche/cm}}}$$

$$124\,\text{cm} \cdot 5\,\text{Stiche/cm} = \underline{\underline{620\,\text{Stiche}}}$$

5

Zuschneiden:	1. Fingerschutz wirksam einstellen
Bügeln:	1. Ausreichenden Abstand halten wegen austretendem Dampf 2. Abstell- oder Aufhängevorrichtung für das Bügeleisen verwenden
Nähen:	1. Fingerschutz/Augenschutz verwenden 2. Bei Spulen- und Nadelwechsel Maschine ausschalten

2.2 Hinweise für den Prüfungsausschuss zum Prüfungsablauf

IHK Zwischenprüfung – Musterprüfung	
Hinweise für den Prüfungsausschuss zum Prüfungsablauf	**Textil- und Modenäher/-in** Verordnung vom 25. Juni 2015

1 Prüfungsablauf

Die praktische Aufgabe besteht aus schriftlichen Aufgaben und einem Prüfungsstück.

Die Vorgabezeit beträgt:
insgesamt 6 h

1.1 Schriftliche Aufgaben **Vorgabezeit 1 h**

Die schriftlichen Aufgaben sind vom Prüfling zuerst zu bearbeiten.
Nach Bearbeitung sind die Unterlagen dem Prüfungsausschuss zu übergeben.

Danach erhält der Prüfling die Unterlagen für das Prüfungsstück.

1.2 Prüfungsstück **Vorgabezeit 5 h**

Das Prüfungsstück besteht aus folgenden Teilaufgaben:
- Aufgabe 1 „Zuschnitt" inklusive Zwischenkontrolle des Zuschnitts — Richtzeit 45 min
- Aufgabe 2 „Nähen" — Richtzeit 4 h 15 min

Die Reihenfolge der Teilaufgaben ist frei zu wählen.

2 Bewertung

Die Bewertung ist nach dem vorliegenden Bewertungsbogen durchzuführen.
Weitere Hinweise sind auf dem Bewertungsbogen vermerkt.

 M 4486 H2 -kli-rot-290216 -1-(1)

2.3 Standardbereitstellungsliste für den Ausbildungsbetrieb und den Prüfungsbetrieb

Vom Ausbildungsbetrieb und vom Prüfungsbetrieb sind die in der Standardbereitstellungsliste aufgeführten Werkzeuge, Hilfsmittel, Prüfmittel sowie Maschinen bereitzustellen.

Nur die Doppelsteppstichmaschine ist vor Prüfungsbeginn (vor der Prüfung) vom Prüfling zu rüsten. Die weiteren Betriebsmittel sind vom Prüfungsbetrieb zu rüsten.

Es ist darauf hinzuweisen, dass die Arbeitskleidung/die persönliche Schutzausrüstung den Unfallverhütungsvorschriften nach DGUV entsprechen muss und der Prüfling die Vorschriften zur Arbeitssicherheit einzuhalten hat.

IHK

Zwischenprüfung – Musterprüfung

Standardbereitstellungsliste für den Ausbildungsbetrieb und den Prüfungsbetrieb	**Textil- und Modenäher/-in** Verordnung vom 25. Juni 2015

I Werkzeuge, Hilfsmittel und Prüfmittel, die vom Ausbildungsbetrieb für jeden Prüfling bereitgestellt werden müssen:

1. Schriftliche Aufgaben

- Schreibwerkzeuge
- Zeichenwerkzeuge
- Kurvenlineal
- Geodreieck
- Nicht programmierter, netzunabhängiger Taschenrechner ohne Kommunikationsmöglichkeit mit Dritten
- Fadenzähler

2. Prüfungsstück

- Betriebsübliche Werkzeuge und Arbeitsmittel für Näh- und Zuschnittarbeiten

II Maschinen und Werkzeuge, die im Prüfungsbetrieb vorhanden sein müssen:

1. Doppelsteppstichmaschine
2. Überwendlichstichmaschine
3. Kurznahtautomat nach betrieblichen Gegebenheiten:
   - Riegelmaschine
     oder
   - Knopflochmaschine
     oder
   - Knopfannähmaschine
4. Handwerkzeug für einfache maschinentechnische Arbeiten
5. Bügelplatz, Bügelgeräte

**Hinweis: Die Doppelsteppstichmaschine ist vom Prüfling vor Prüfungsbeginn zu rüsten.
Die weiteren Betriebsmittel sind vom Prüfungsbetrieb zu rüsten.**

Der Prüfling ist vom Ausbildenden darüber zu unterrichten, dass seine Arbeitskleidung den Vorschriften nach DGUV entsprechen muss. Entspricht die Arbeitskleidung nicht den Vorschriften nach DGUV, dann ist eine Teilnahme an der Prüfung nicht zulässig.

Dieser Prüfungsaufgabensatz wurde von einem überregionalen nach § 40 Abs. 2 BBiG zusammengesetzten Ausschuss beschlossen. Er wurde für die Prüfungsabwicklung und -abnahme im Rahmen der Ausbildungsprüfungen entwickelt. Weder der Prüfungsaufgabensatz noch darauf basierende Produkte sind für den freien Wirtschaftsverkehr bestimmt.

 M 4486 B1 -kli-gelb-160316 -1-(1)

2.4 Materialbereitstellungsliste für den Ausbildungsbetrieb

Vom Ausbildungsbetrieb müssen die Schnittschablonen, der Oberstoff, die Einlage und evtl. der Futterstoff, die Zutaten sowie die betriebsüblich zugeschnittenen, versäuberten und fixierten Teile bereitgestellt werden.

IHK Zwischenprüfung – Musterprüfung	
Materialbereitstellungsliste für den Ausbildungsbetrieb Prüfungsstück	**Textil- und Modenäher/-in** Verordnung vom 25. Juni 2015

Werkstoffe, die für jeden Prüfling bereitgestellt werden müssen:

Für Aufgabe 1 „Zuschnitt“

Unifarbener Oberstoff, Einlage und eventuell Futterstoff, betriebsübliche Materialien zum Markieren und Etikettieren

Fünf Schnittschablonen: Patte außen, Patte innen, Einlage Patte außen, Beleg und aufgesetzte Tasche nach **Materialbereitstellungszeichnung Zuschnitt, Blatt 1(3)**

Für Aufgabe 2 „Nähen“

Die zugeschnittenen und betriebsüblich fixierten Teile nach **Zeichnung Materialbereitstellung Nähen, Blatt 2(3)** und **3(3)**

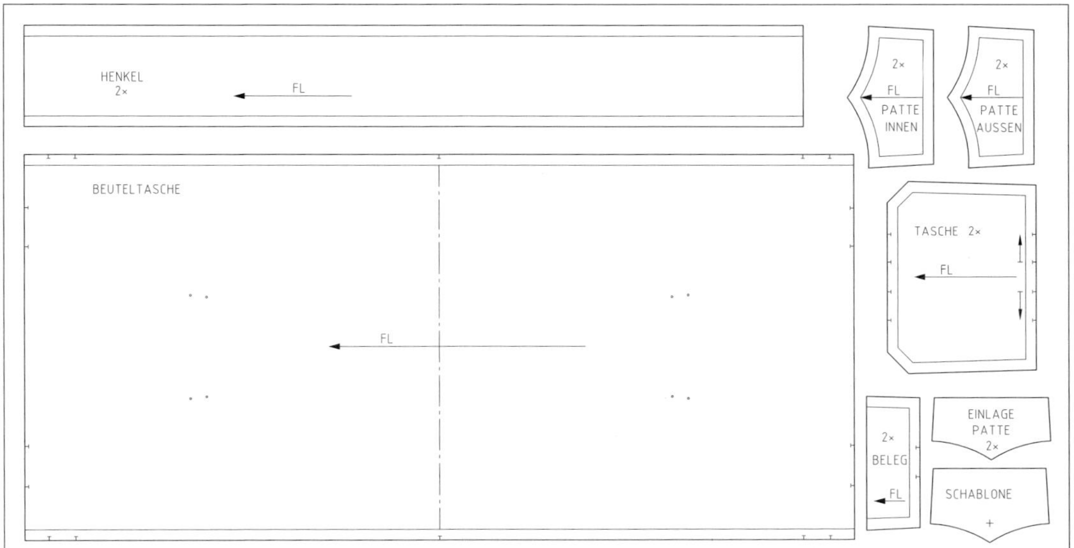

Schnittteileübersicht

Zusätzlich sind bereitzustellen:

1. 1 Etikett mit Prüflingsnummer
2. 1 Textilkennzeichnungsetikett
3. 2 Knöpfe
4. Kontrastfarbiges Nähgarn für alle Nähte

Dieser Prüfungsaufgabensatz wurde von einem überregionalen nach § 40 Abs. 2 BBiG zusammengesetzten Ausschuss beschlossen. Er wurde für die Prüfungsabwicklung und -abnahme im Rahmen der Ausbildungsprüfungen entwickelt. Weder der Prüfungsaufgabensatz noch darauf basierende Produkte sind für den freien Wirtschaftsverkehr bestimmt.

 M 4486 B2 -kli-gelb-160316 1-(1)

2.5 Bereitstellungszeichnungen

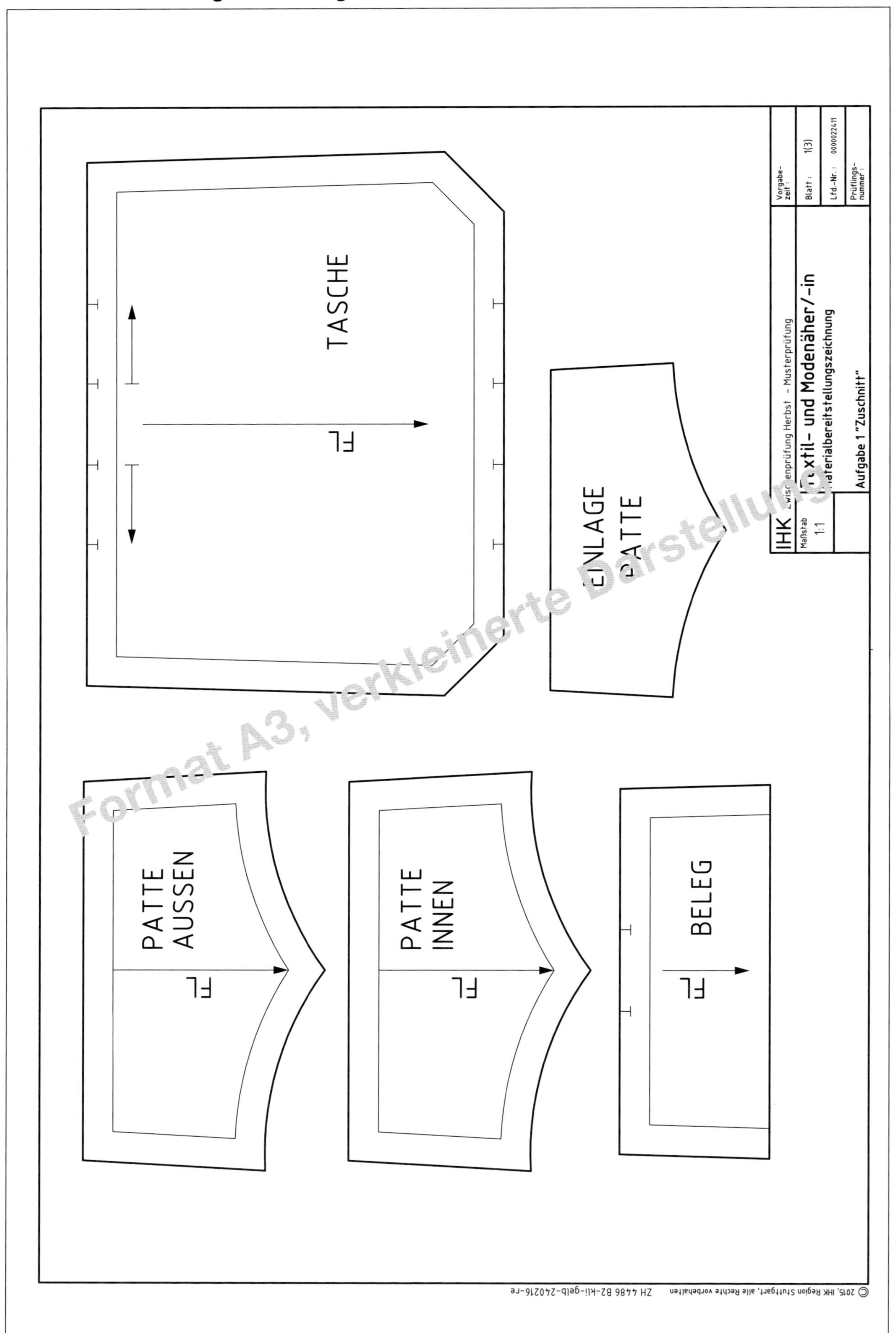

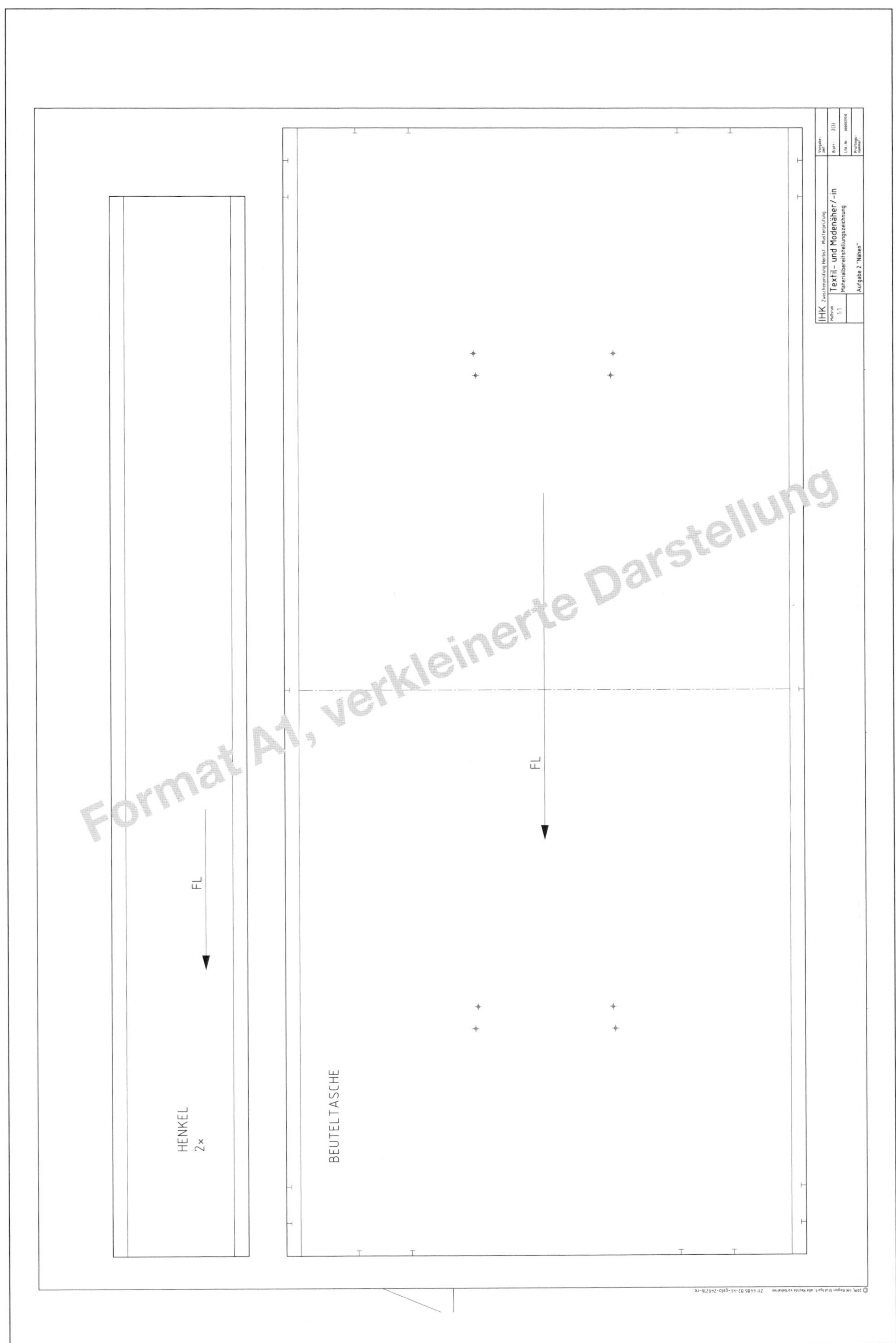
IHK
Textil- und Modenäher/-in
Materialbereitstellungszeichnung
Aufgabe 2 "Nähen"
FL
FL
HENKEL
2×
BEUTELTASCHE
Format A1, verkleinerte Darstellung

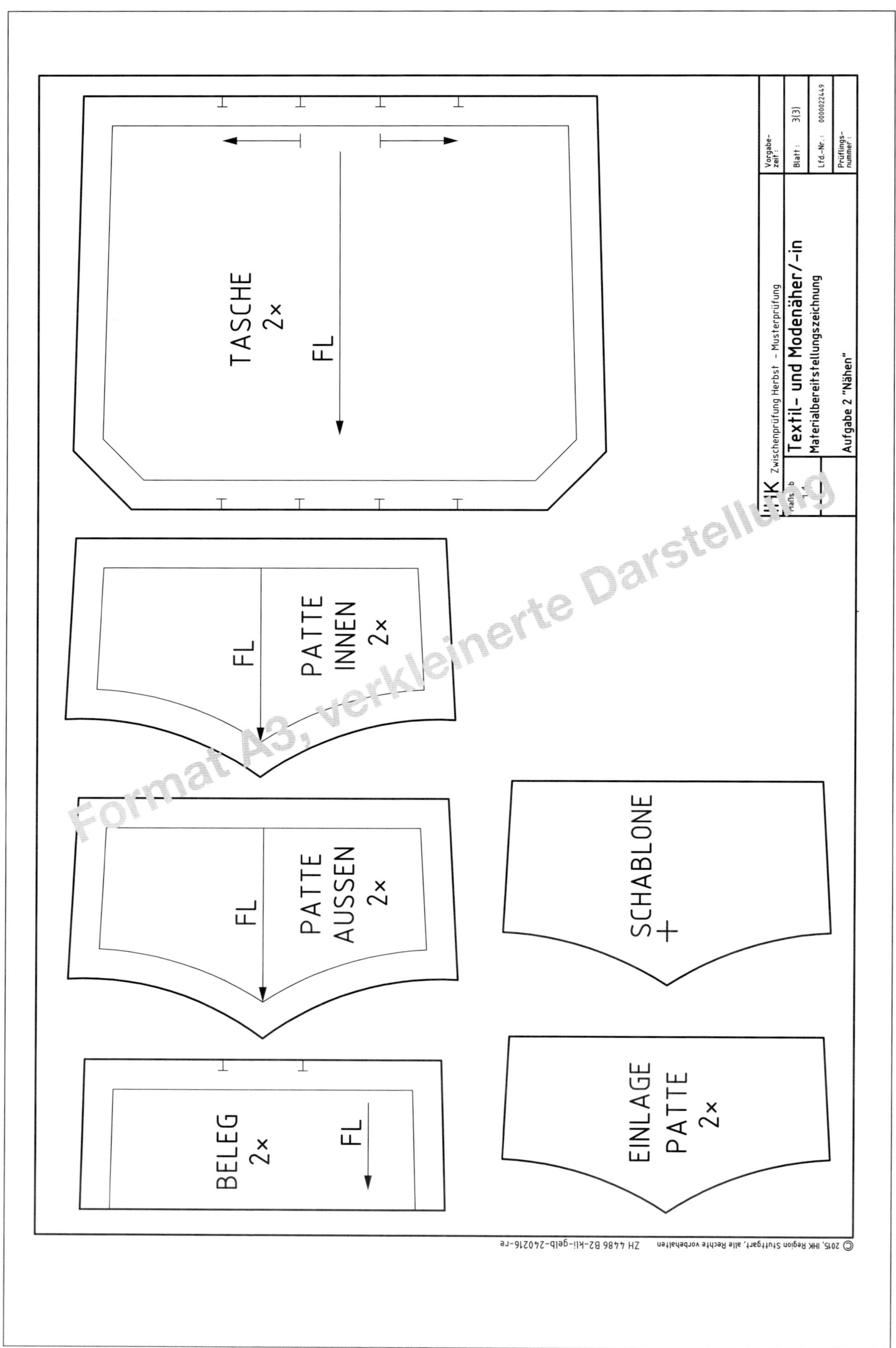
TASCHE
2×
FL
PATTE
INNEN
2×
FL
PATTE
AUSSEN
2×
FL
BELEG
2×
FL
SCHABLONE
EINLAGE
PATTE
2×
IHK
Zwischenprüfung Herbst - Musterprüfung
Textil- und Modenäher/-in
Materialbereitstellungszeichnung
Aufgabe 2 "Nähen"
Vorgabe-zeit :
Blatt : 3(3)
Lfd.-Nr. : 0000022449
Prüflings-nummer :
© 2015, IHK Region Stuttgart, alle Rechte vorbehalten
ZH 4486 B2-kli-gelb-240216-re
Format A3, verkleinerte Darstellung

2.6 Schriftliche Aufgaben

Die schriftlichen Aufgaben beinhalten fünf ungebundene Aufgaben, die in der Vorgabezeit von 60 Minuten vom Prüfling bearbeitet werden sollen.

Die schriftlichen Aufgaben stehen in einem thematischen Zusammenhang zum Prüfungsstück.

Aufgrund der Gleichbehandlung aller Prüflinge wurde für die Bearbeitung der schriftlichen Aufgaben ein gemeinsamer Termin – am dritten Tag der zentralen Prüfungstermine im Herbst/Frühjahr – festgelegt.

Danach soll das Prüfungsstück mit einer Vorgabezeit von insgesamt 5 Stunden hergestellt werden.

Im Regelfall wird der Prüfling das Prüfungsstück an einem Tag, anschließend an die schriftlichen Aufgaben, anfertigen. Im Ausnahmefall kann ein Zeitkorridor von vier Wochen für die Durchführung des praktischen Teils der Zwischenprüfung in Anspruch genommen werden.

Prüflingsnummer

Vor- und Familienname

Industrie- und Handelskammer

Zwischenprüfung

Textil- und Modenäher/-in

Verordnung vom 25. Juni 2015

Berufs-Nr. 4486

Prüfungsbereich Zuschneiden und Nähen

Schriftliche Aufgaben

Musterprüfung

M 4486 P1

PAL - Prüfungsaufgaben- und Lehrmittelentwicklungsstelle
IHK Region Stuttgart

Vorgabezeit: 60 min
Hilfsmittel: Fadenzähler, Zeichenwerkzeuge, netzunabhängiger Taschenrechner ohne Kommunikationsmöglichkeit mit Dritten

---

Sehr geehrter Prüfling,

bevor Sie mit der Bearbeitung der Aufgaben beginnen, lesen Sie bitte **sorgfältig** die folgenden Hinweise.

Der Aufgabensatz für die schriftlichen Aufgaben besteht aus:

- Heft mit 5 Aufgaben (die Sie mit Ihren eigenen Worten beantworten müssen)
- Anlage(n): keine

Am Ende der Vorgabezeit von 60 min müssen Sie alle Dokumente der Prüfungsaufsicht übergeben.

Tragen Sie bitte vor Beginn der Bearbeitung der Aufgaben auf der Titelseite **dieses Hefts** und gegebenenfalls auf der/den **Anlage(n)** die dort geforderten Angaben ein:

- Die Ihnen mit der Einladung zur Prüfung mitgeteilte Prüflingsnummer
- Ihren Vor- und Familiennamen

Prüfen Sie danach, ob die Prüfungsunterlagen vollständig sind. Sie müssen enthalten:

- Dieses Aufgabenheft mit 5 Aufgaben

Informieren Sie bei Unstimmigkeiten **sofort** die Prüfungsaufsicht. **Reklamationen nach dem Schluss der Prüfung werden nicht anerkannt.**

Bearbeiten Sie die Aufgaben, wo immer möglich, mit kurzen Sätzen.

Bei den mathematischen Aufgaben ist der vollständige Rechengang (Formel, Ansatz, Ergebnis, Einheit) in dem dafür vorgesehenen Feld auszuführen.

Ihre Industrie- und Handelskammer wünscht Ihnen viel Erfolg!

Internet: www.ihk-pal.de
M 4486 P1 -kli-grün-180915

Die abgebildete Beuteltasche soll hergestellt werden.

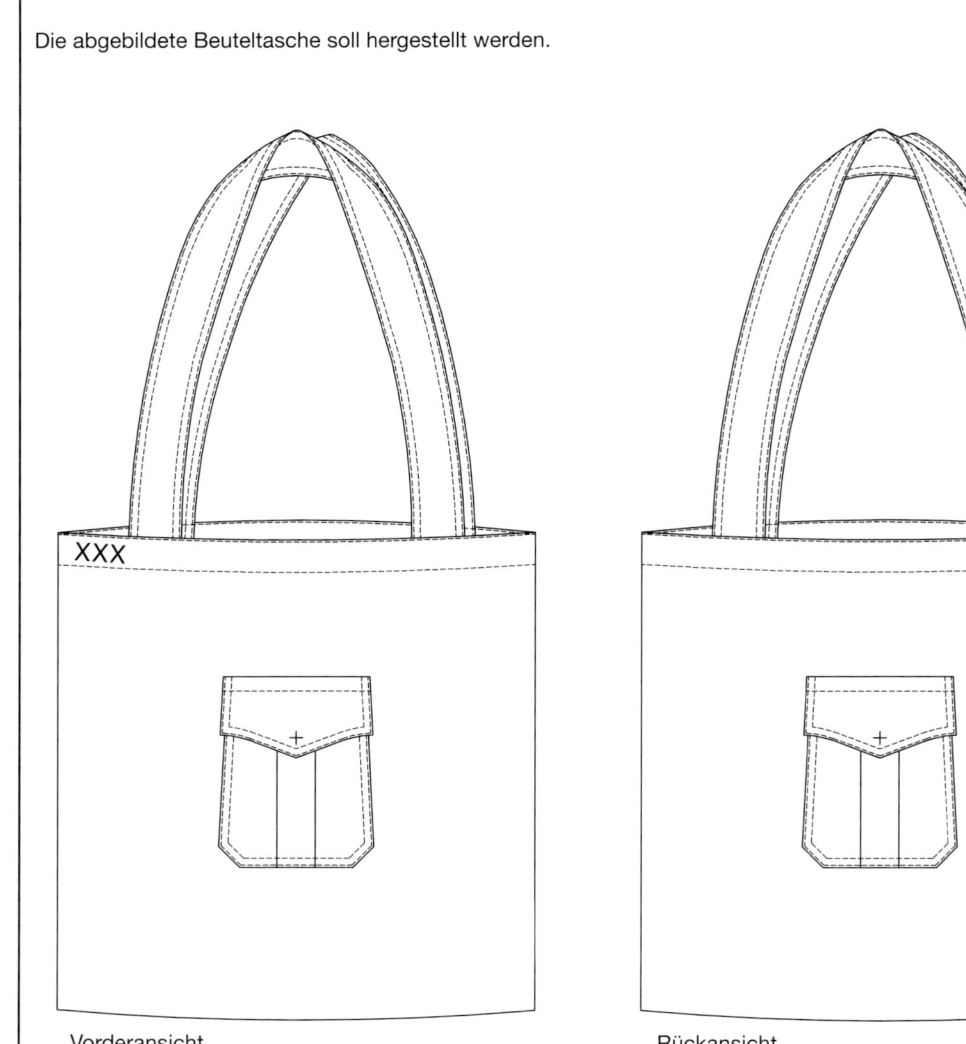

Vorderansicht Rückansicht

Modellbeschreibung:

- Taschenhenkel verstürzt
- Taschenpatten fixiert und mit Futter oder Oberstoff verstürzt
- Aufgesetzte Taschen mit eingebügelter Quetschfalte
- Tascheneingriff der aufgesetzten Taschen mit Beleg verstürzt

Lösen Sie dazu die nachfolgenden Aufgaben.

M 4486 P1 -kli-grün-290216 3

1

Für die Fertigung der Beuteltasche werden Materialien, Zutaten und Betriebsmittel benötigt. Listen Sie insgesamt zehn auf.

Aufgabenlösung:

Materialien	Zutaten	Betriebsmittel

Bewertung (10 bis 0 Punkte)

Ergebnis Aufgabe 1

Punkte

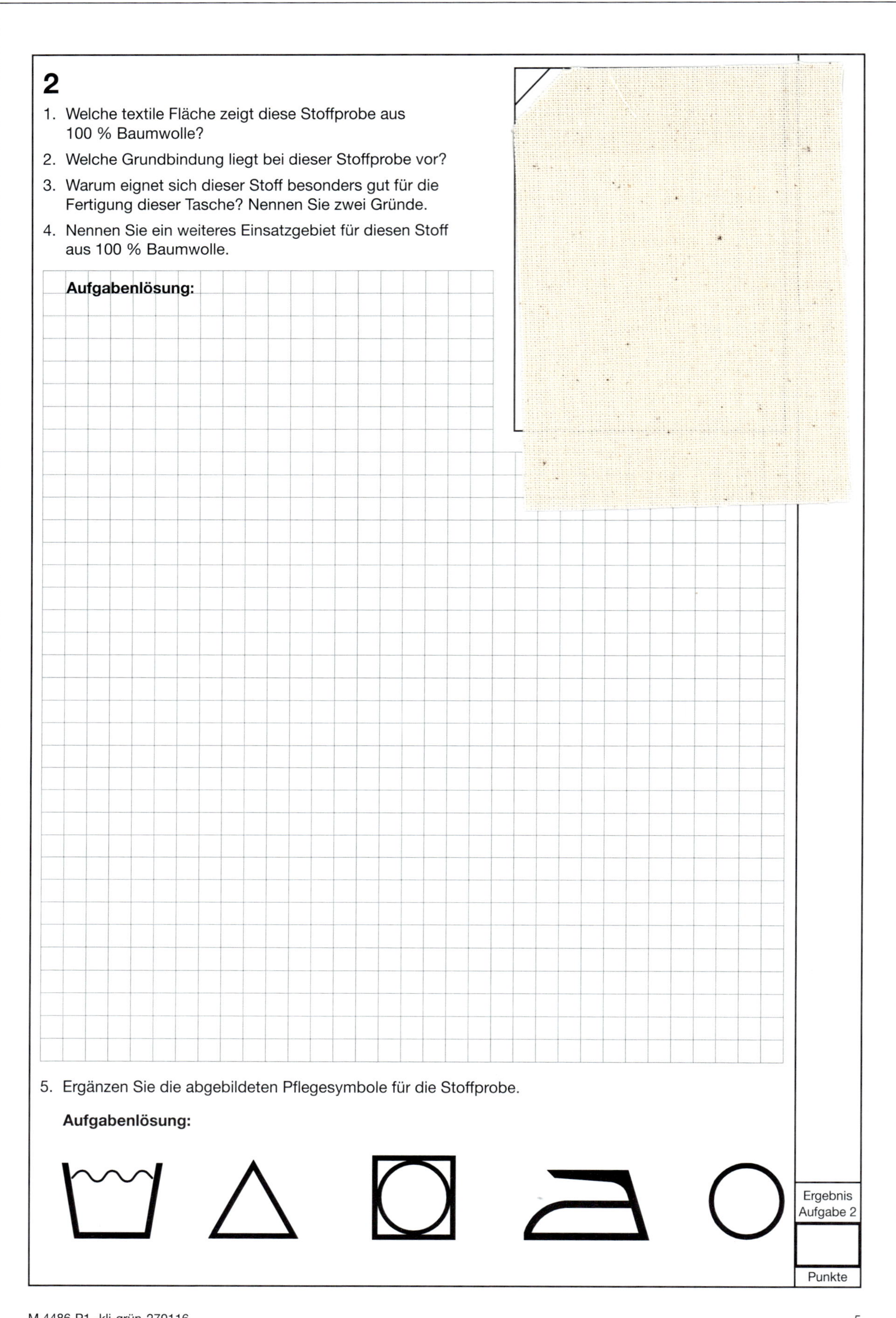

2

1. Welche textile Fläche zeigt diese Stoffprobe aus 100 % Baumwolle?
2. Welche Grundbindung liegt bei dieser Stoffprobe vor?
3. Warum eignet sich dieser Stoff besonders gut für die Fertigung dieser Tasche? Nennen Sie zwei Gründe.
4. Nennen Sie ein weiteres Einsatzgebiet für diesen Stoff aus 100 % Baumwolle.

Aufgabenlösung:

5. Ergänzen Sie die abgebildeten Pflegesymbole für die Stoffprobe.

Aufgabenlösung:

Ergebnis Aufgabe 2

Punkte

M 4486 P1 -kli-grün-270116 5

3

1. Erstellen Sie eine technische Zeichnung (ohne Bemaßung) im Maßstab 1 : 1 für eine alternative Taschenform der aufgesetzten Tasche mit Steppungen. Verwenden Sie entsprechende Linienarten.

   Vorgaben:
   - Taschenhöhe 12 cm
   - Taschenbreite 10 cm

   Aufgabenlösung:

2. Wie wird der Tascheneingriff bei der von Ihnen gewählten Tasche verarbeitet? Erstellen Sie dazu eine Querschnittszeichnung im Maßstab 1 : 1.

   Aufgabenlösung:

Ergebnis Aufgabe 3
Punkte

4

1. Beim Verarbeiten der Tasche treten Nähstörungen auf.
   Geben Sie für jede der auftretenden Störungen eine mögliche Ursache an.

   Aufgabenlösung:

Nähstörung	Ursache
Spannungskräuseln	Zu hohe Fadenspannung
Stiche werden ausgelassen	
Auf der Warenunterseite bilden sich Faden-schlaufen	

2. Mit der Doppelsteppstichmaschine arbeiten Sie eine Nahtlänge von 1,24 m.
   Die Stichlänge beträgt 2 mm.
   Berechnen Sie die Stichdichte (Stiche/cm) sowie die Anzahl der gearbeiteten Stiche.

   Aufgabenlösung:

Ergebnis Aufgabe 4

Punkte

5

Welche Arbeitssicherheits- bzw. Unfallverhütungsmaßnahmen müssen beim Zuschneiden, Bügeln und Nähen beachtet werden? Ergänzen Sie die Tabelle.

Aufgabenlösung:

Zuschneiden:	1.
Bügeln:	1. 2.
Nähen:	1. 2.

Ergebnis Aufgabe 5

Punkte

Wird vom Prüfungsausschuss ausgefüllt.

Berechnung der Gesamtpunktzahl:

Lfd. Nr.	Bewertungsstelle	Ergebnis Punkte
1	Aufgabe 1	
2	Aufgabe 2	
3	Aufgabe 3	
4	Aufgabe 4	
5	Aufgabe 5	

Gesamtpunktzahl (max. 50 Punkte)

Feld P1

Die Gesamtpunktzahl der schriftlichen Aufgaben ist in den Bewertungsbogen in das Feld P1 zu übertragen.

Datum Prüfungsausschuss

M 4486 P1 -kli-grün-160316

2.7 Aufgabenbeschreibung Prüfungsstück

Der Prüfling hat in einer Richtzeit von 5 Stunden zwei Aufgaben durchzuführen. Die Reihenfolge der Aufgaben kann frei gewählt werden.

IHK

Zwischenprüfung – Musterprüfung

Prüfungsbereich Zuschneiden und Nähen **Aufgabenbeschreibung** **Prüfungsstück**	**Textil- und Modenäher/-in** Verordnung vom 25. Juni 2015

Losgröße: 1 Stück

Teile zur Herstellung: nach Materialbereitstellungsliste

Aufgabe 1 „Zuschnitt" inklusive Zwischenkontrolle des Zuschnitts

Die Schnittteile sollen mit den bereitgestellten Schablonen zugeschnitten, markiert und fixiert werden. Die Aufgabe soll mit betriebsüblichen Werkzeugen und Arbeitsmitteln durchgeführt werden.

Mithilfe des vorgegebenen Prüfprotokolls „Zwischenkontrolle Zuschnitt" ist die Qualität der Zuschnittarbeit zu überprüfen, zu bewerten und durch Ankreuzen zu dokumentieren.

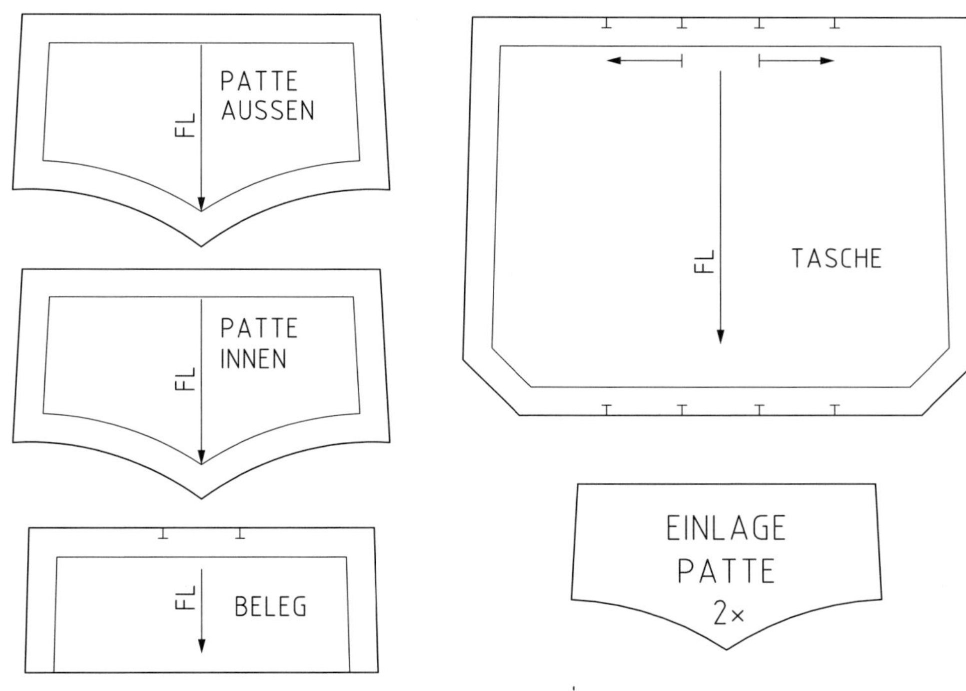

 M 4486 P2 -kli-weiß-160316 1

Aufgabe 2 „Nähen"

Das abgebildete Modell soll mithilfe des Arbeitsplans gefertigt werden.

Die Schnittteile und Schablonen liegen fertig zugeschnitten/eingerichtet vor.

Vor Beginn der Näharbeiten an der Doppelsteppstichmaschine ist das Betriebsmittel eigenständig zu rüsten.

Die Stichlänge ist material- und nahtabhängig einzustellen.
Vorschlag: 3 bis 4 Stiche/cm.

Einer der folgenden Kurznahtautomaten ist nach betrieblichen Gegebenheiten einzusetzen:

- Riegelmaschine
  oder
- Knopflochmaschine
  oder
- Knopfannähmaschine

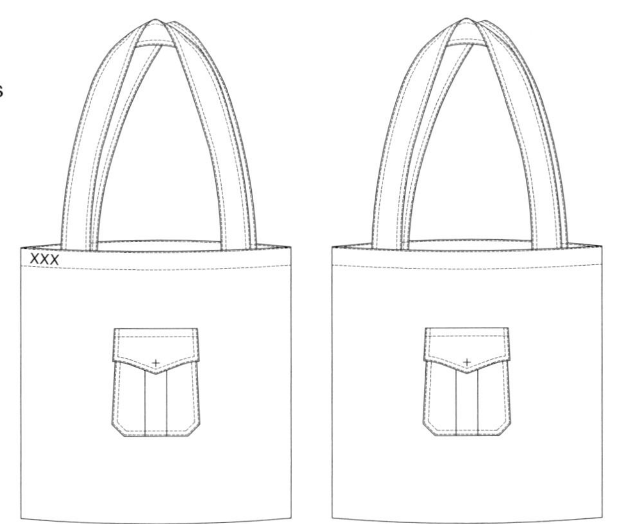

Nr.	Arbeitsgang	Nahtzugabe/ Absteppbreite	Betriebsmittel
Patten			
1	Patte mit Schablone verstürzen		Doppelstepp-stichmaschine
2	Patte bügeln		Bügelanlage
3	Patte doppelt absteppen	schmalkantig und 0,5 cm	Doppelstepp-stichmaschine
4	Riegel oder Knopfloch oder Knopf anbringen		Kurznahtautomat
Aufgesetzte Taschen			
5	Quetschfalte vorbügeln		Bügelanlage
6	Quetschfalte oben und unten sichern		Doppelstepp-stichmaschine
7	Belegunterkante versäubern		Überwendlich-stichmaschine
8	Eingriffkante mit Beleg verstürzen	1 cm	Doppelstepp-stichmaschine
9	Beleg niedersteppen	schmalkantig	Doppelstepp-stichmaschine
10	Eingriffkante bügeln, Außenkanten umbügeln	1 cm	Bügelanlage
Henkel			
11	Henkel betriebsüblich fertigen	1 cm	Doppelstepp-stichmaschine und Bügelanlage
12	Henkel beidseitig doppelt absteppen	schmalkantig und 0,5 cm	Doppelstepp-stichmaschine

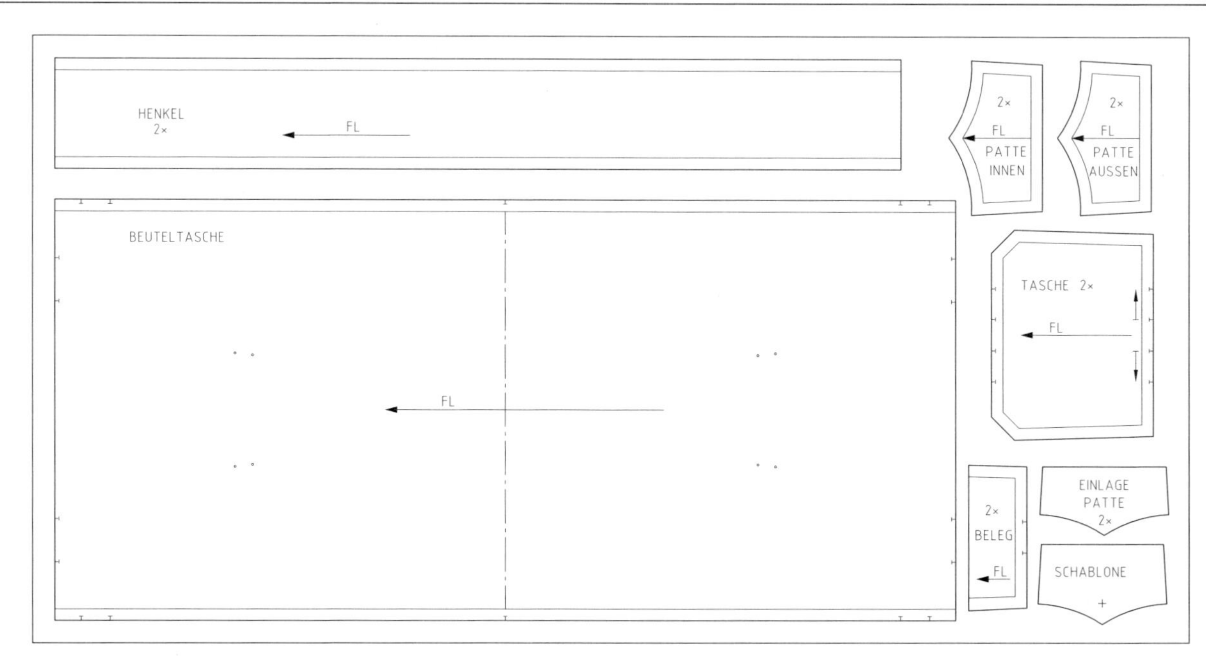

Nr.	Arbeitsgang	Nahtzugabe/ Absteppbreite	Betriebsmittel
Montage			
13	Doppeleinschlag Tascheneingriff bügeln	nach Knipsen	Bügelanlage
14	Aufgesetzte Taschen nach betriebsüblichen Markierungen aufsteppen	schmalkantig und 0,5 cm	Doppelstepp-stichmaschine
15	Patten annähen	1 cm	Doppelstepp-stichmaschine
16	Nahtzugaben der Patten zurückschneiden und Patten übersteppen	1 cm	Doppelstepp-stichmaschine
17	Henkel nach Knipsen feststeppen		Doppelstepp-stichmaschine
18	Seitennähte der Beuteltasche schließen	1 cm	Doppelstepp-stichmaschine
19	Seitennähte versäubern		Überwendlich-stichmaschine
20	Doppeleinschlag feststeppen, dabei Seitennähte zur Rückseite legen, Textilkennzeichnungsetikett mittig auf Taschenrückseite positionieren	schmalkantig	Doppelstepp-stichmaschine
21	Oberkante der Beuteltasche absteppen, Henkel mitfassen	schmalkantig	Doppelstepp-stichmaschine
22	Beuteltasche endbügeln, Prüflingsnummer aufbringen		Bügelanlage

Die Arbeitsschritte können in selbst gewählter Reihenfolge durchgeführt werden.

M 4486 P2 -kli-weiß-110416 3

2.8 Prüfprotokoll

Der Prüfling hat auf dem Blatt „Prüfprotokoll“ zu beurteilen und zu dokumentieren, ob die von ihm zugeschnittenen Teile die vorgegebenen Merkmale erfüllen.

Das Prüfprotokoll ist während des Zuschnitts zu bearbeiten. Die vom Prüfling festgestellten Fehler dürfen von diesem innerhalb der Prüfungszeit korrigiert werden.

Für die Bewertung des Prüfprotokolls ist ausschließlich von Bedeutung, dass der Prüfling die in der Tabelle angegebenen Kriterien richtig beurteilt hat, unabhängig davon, ob die Zuschnittaufgabe maßhaltig, formgetreu usw. ausgeführt wurde.

Die Bewertung erfolgt direkt auf dem Aufgabenblatt „Prüfprotokoll“.
Das Ergebnis wird vom Prüfer/von der Prüferin in den Bewertungsbogen übertragen.

IHK Zwischenprüfung – Musterprüfung	Vor- und Familienname: Prüflingsnummer:
Prüfprotokoll	**Textil- und Modenäher/-in** Verordnung vom 25. Juni 2015

Aufgabe

Zwischenkontrolle und Beurteilung nach Qualitätsvorgaben

Arbeitsanweisung:

Mithilfe des vorgegebenen Prüfprotokolls ist die Qualität Ihrer Zuschittarbeit zu überprüfen, zu bewerten und durch Ankreuzen zu dokumentieren.

Übergeben Sie am Ende der Bearbeitung des Prüfungsstücks das bearbeitete Aufgabenblatt der Prüfungsaufsicht. Achtung: Vor- und Familienname und Prüflingsnummer sind in den Kopf des Aufgabenblatts einzutragen.

Punkteschlüssel: * 10 oder 0 Punkte

Lfd. Nr.	Zwischenkontrolle Zuschnitt	Prüfling		Mitglieder des Prüfungsausschusses		Notizen des Prüfungsausschusses zur Bewertung 10 oder 0 Punkte
		Merkmal erfüllt		Merkmal erfüllt		
		ja	nein	ja	nein	
1	Vollständigkeit					
2	Formtreue					
3	Fixieren/Markierungen/Etikettieren					
4	Fadenlauf					
5	Schnittkanten					
				Ergebnis der Zwischenkontrolle max. 50 Punkte		Feld K1

Wird von den Mitgliedern des Prüfungsausschusses ausgefüllt.

Hinweise für den Prüfungsausschuss:

Für die Bewertung des Prüfprotokolls ist ausschließlich von Bedeutung, dass der Prüfling die in der Tabelle angegebenen Kriterien richtig beurteilt hat, unabhängig davon, ob die Zuschnittaufgabe maßhaltig, formgetreu usw. ausgeführt wurde.

* Der Prüfling erhält nur dann 10 Punkte, wenn das Merkmal von ihm eingetragen wurde und die Beurteilung des Prüflings mit der Beurteilung des Prüfers übereinstimmt.

Das Ergebnis ist in das Feld K1 des Bewertungsbogens zu übertragen.

 M 4486 P3 -kli-weiß-110316 -1-(1)

2.9 Bewertungsbogen

IHK Zwischenprüfung – Musterprüfung	Vor- und Familienname: Prüflingsnummer:
Bewertungsbogen	**Textil- und Modenäher/-in** Verordnung vom 25. Juni 2015

Lfd. Nr.	Schriftliche Aufgaben	Punkte		Faktor	Punkte
1	Ergebnis der Aufgaben 1 bis 5	P1		2	

Gesamtergebnis der schriftlichen Aufgaben (max. 100 Punkte)			
	1–3		

Für die Bewertung der einzelnen Stellen ist folgende Punktabstufung anzuwenden: 10 bis 0

Lfd. Nr.	Aufgabe 1 „Zuschnitt“	Punkte	Faktor	Punkte
1	Vollständigkeit		2	
2	Formtreue		2	
3	Fixieren, Markieren, Etikettieren		2	
4	Fadenlauf		2	
5	Schnittkanten		2	

Gesamtergebnis der praktischen Aufgabe 1 „Zuschnitt“ (max. 100 Punkte)			
	4–6		

Lfd. Nr.	Zwischenkontrolle Zuschnitt	Punkte		Faktor	Punkte
1	Prüfprotokoll des Prüflings	K1		2	

Gesamtergebnis der Zwischenkontrolle (max. 100 Punkte)			
	7–9		

Bitte Rückseite beachten!

 M 4486 W1 -kli-rot-210316 -1-(2)

Für die Bewertung der einzelnen Stellen ist folgende Punktabstufung anzuwenden: 10 bis 0

Lfd. Nr.	Aufgabe 2 „Nähen“	Punkte	Faktor	Punkte
1	Qualität der Bügelarbeiten		1	
2	Vollständigkeit		1	
3	Maßtreue, Symmetrie		1	
4	Ausführung der Näharbeiten		3	
5	Sauberkeit und Gleichmäßigkeit der Abstepparbeiten		2	
6	Versäuberung nach Arbeitsanweisung, Gleichmäßigkeit		1	
7	Gewählte Automatenarbeit richtig positioniert und ausgeführt		1	
			Gesamtergebnis der praktischen Aufgabe 2 „Nähen“ (max. 100 Punkte)	10–12

Die in den Feldern 1–3, 4–6, 7–9 und 10–12 eingetragenen Ergebnisse sind in den vorbereiteten Ablochbeleg zu übertragen.

Datum

Prüfungsausschuss

-2-(2) M 4486 W1 -kli-rot-210316

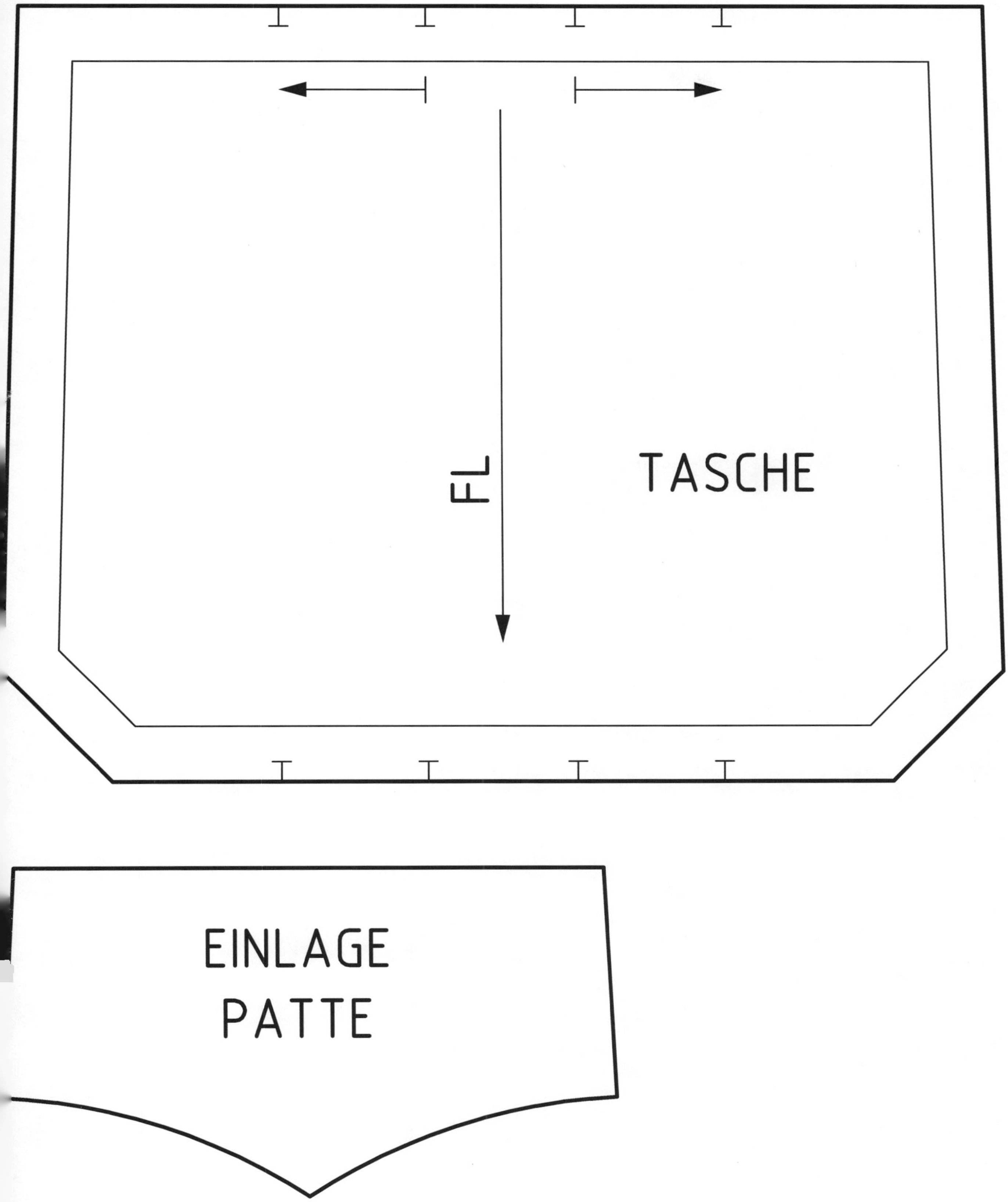

FL

TASCHE

IHK Zwischenprüfung Herbst – Musterprüfung		Vorgabe-zeit :
Maßstab 1:1	**Textil- und Modenäher/-in** **Materialbereitstellungszeichnung**	Blatt : 1(3)
		Lfd.-Nr. : 0000022411
	Aufgabe 1 "Zuschnitt"	Prüflings-nummer :

PATTE
AUSSEN
FL
PATTE
INNEN
FL
FL
BELEG

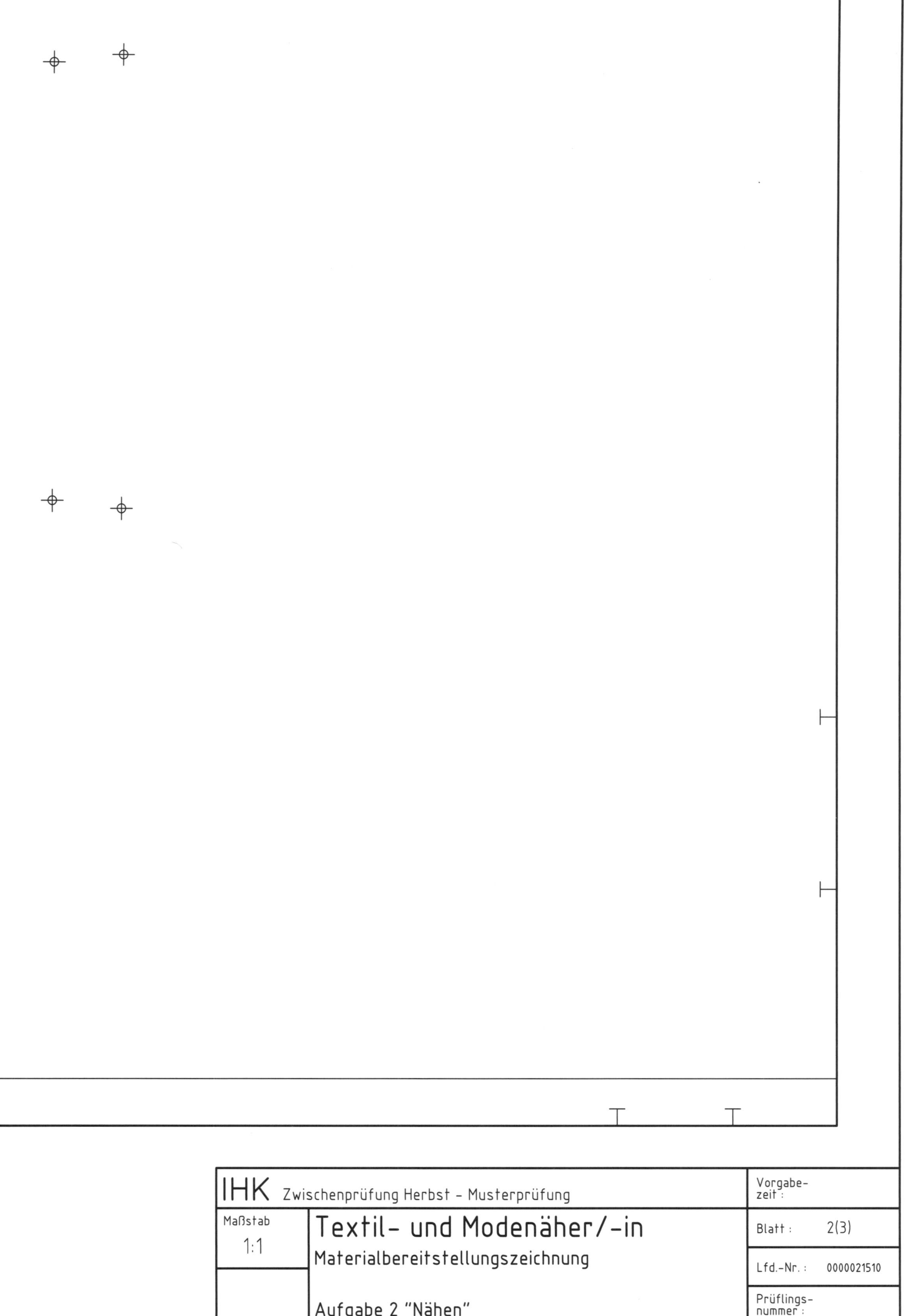

IHK Zwischenprüfung Herbst - Musterprüfung		Vorgabe-zeit:
Maßstab 1:1	Textil- und Modenäher/-in Materialbereitstellungszeichnung Aufgabe 2 "Nähen"	Blatt: 2(3)
		Lfd.-Nr.: 0000021510
		Prüflings-nummer:

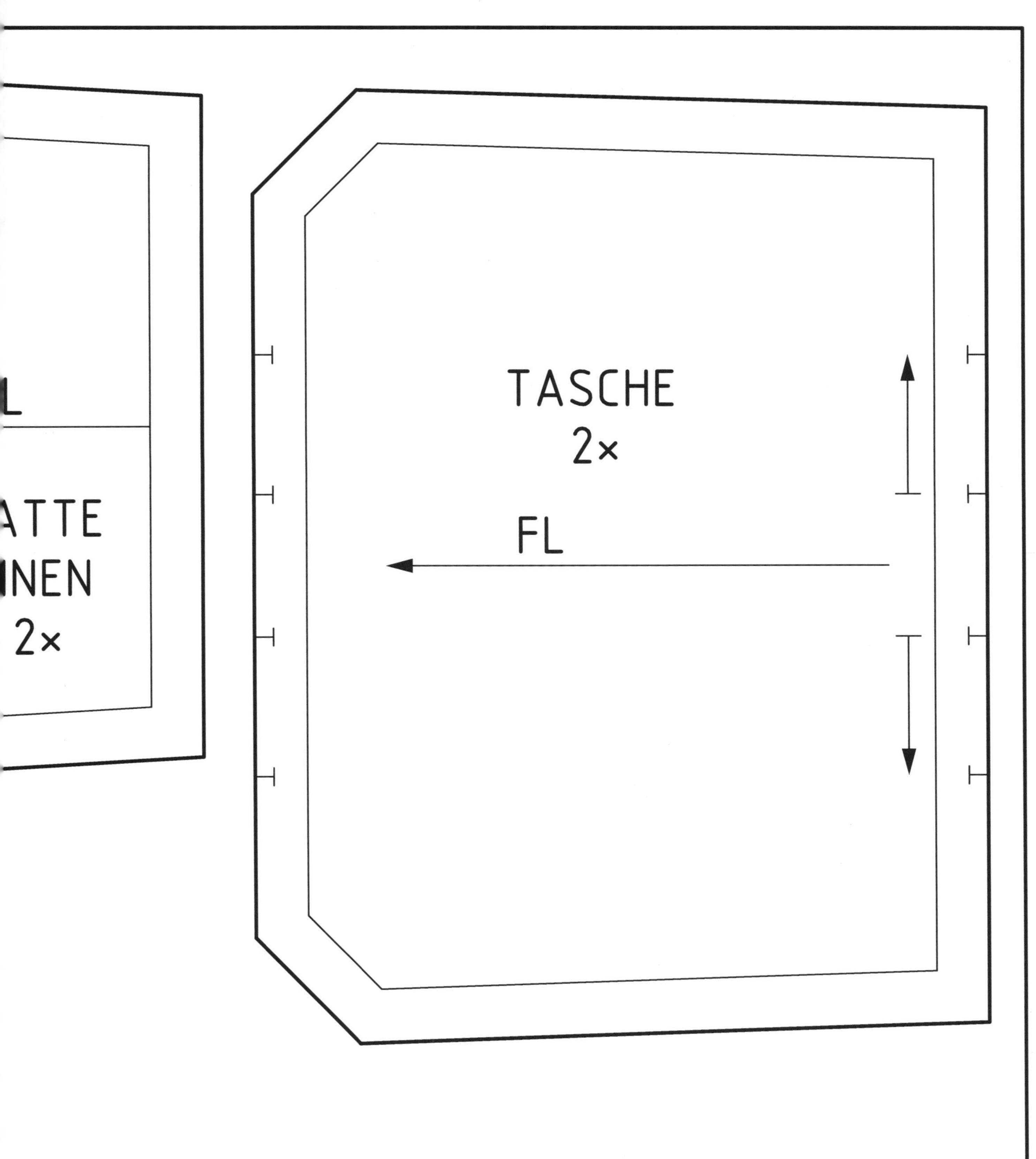

IHK Zwischenprüfung Herbst – Musterprüfung		Vorgabe-zeit :
Maßstab 1:1	**Textil- und Modenäher/-in** Materialbereitstellungszeichnung	Blatt : 3(3)
		Lfd.-Nr. : 0000022449
	Aufgabe 2 "Nähen"	Prüflings-nummer :

BELEG
2×

FL

FL

PATTE
AUSSEN
2×

F

PA
IN

EINLAGE
PATTE
2×

SCHABLONE